上海市中医药事业发展三年行动计划项目
中小学生中医药科普读物

身边的药用植物

◎ 编著　赵志礼

复旦大学
出版社

序

文化是民族的血液和灵魂，是国家发展、民族振兴的重要支撑。中医药文化作为中国传统文化最具生命力和时代感的璀璨瑰宝，在中华民族五千年生生不息的传承、创新中扮演着积极、关键的角色，深受广大人民群众的喜爱。习近平同志指出"中华优秀传统文化是中华民族的突出优势，是我们最深厚的文化软实力，大家要做中华文化的笃信者、传播者、躬行者"。因此，弘扬和传承中医药文化对于新时代延续中华民族的优秀传统文化具有现实意义。

"十年树木，百年树人"，文化的传承要从青少年抓起。中医药文化的传承给孩子们的内心种下了一颗种子，希望这颗饱含中华民族优秀文化精髓的种子在其人生观、价值观、道德观的形成过程中"生根发芽"，并在日常生活的各个环节中潜移默化地传递中医药文化的精华和智慧。

中医药的发展需要一代代人共同的努力，中医药文化的传承离不开基础教育的支撑。在上海市卫生和计划生育委员会及上海市教

身边的
药
用
植
物

育委员会的指导下，在上海市中医药事业发展三年行动计划项目的支持下，上海中医药大学组织专家编写了一套《中小学生中医药科普读物》系列读本，力图将中医药知识的普及与基础教育拓展性课程有机衔接，以服务于基础教育改革，弘扬中医药文化。

　　本系列读本邀请了众多知名中医药专家参与编写，每一位编者既肩负着传承中医药文化的责任，又怀揣着对中小学生的关爱，涓涓热情流于其中。可以说这套读本是责任、爱心、智慧的结晶，蕴含了中医药专家对中医药文化传承、传播的一种寄托，一种历史责任。

　　中医药文化的传承与发展任重而道远，衷心希望本系列读本不仅可以使中小学生获得科学知识，学到中医思维方法，受到科学精神的熏陶，而且希望他们能掌握一定的中医药知识与技能，珍惜生命，热爱生活。同时希望广大读者，尤其是基础教育工作者和广大中小学生都对这套系列读本提出宝贵意见，一起来参与这项有意义的事业，共同传承和弘扬中华民族优秀传统文化。

上海中医药大学副校长　　　胡鸿毅
上海市中医药研究院副院长
2014 年 6 月

本书以编者在多年野外考察、教学工作中积累的相关图片资料为基础编写完成。收录常见植物35种，分为观赏类、绿化类、调味类及食蔬类。实际上，其中相当一些品种同时可归入不同类别。

考虑青少年读者的阅读特点，并体现一定的科学性，编写思路如下。

（1）列出植物拉丁学名，使读者了解国际上统一使用的植物学名命名法——"双名法"，即学名由"属名"与"种加词"两个词（斜体）组成。

（2）列出植物所属中文科名，使读者了解植物系统学基本概念。

（3）列出药用部位、中药名称及功效，使读者熟悉中医药学专业术语。

前人在植物经济价值的认识与利用、品系选育、栽培观赏、借物咏志、抒发情怀等方面积累了丰富的经验，并留下宝贵的精神财富。愿青少年朋友多观察身边的植物，探寻其奥秘，从中获得乐趣与感悟。

上海中医药大学　赵志礼

2014 年 6 月

身边的

药
用
植
物

观 赏 类

牡丹 *Paeonia suffruticosa* Andr.（毛茛科植物）

【常识简介】

牡丹是我国传统名花之一，栽培历史悠久，园艺品种极多。落叶灌木；栽培者多为重瓣；果实熟时开裂，称为"蓇葖果"。花大，颜色多变，姿态雍容华贵，深得国人喜爱，被誉为"花中之王"。

【药用部位】

根皮称"牡丹皮"，为常用中药之一，有清热凉血、活血化瘀的功效。

诗句欣赏

唯有牡丹真国色，花开时节动京城。（唐·刘禹锡《赏牡丹》）

身边的

药 用 植 物

芍药 *Paeonia lactiflora* Pall.（毛茛科植物）

【常识简介】

芍药与牡丹近缘，即两者同科同属。但芍药为草本，而后者为木本。芍药花大色艳，花容绰约，品种多样，为我国传统名花之一。

【药用部位】

根称"白芍"，为常用中药之一，有养血调经、敛阴止汗的功效。

诗句欣赏

古人别离时，常以芍药花相赠，故别名"将离"，"离草"。古诗中的"芍药"更是多姿多彩，如"芍药承春宠，何曾羡牡丹"（唐·王贞白《芍药》）、"芍药绽红绡，巴篱织青琐。繁丝蠓金蕊，高焰当炉火"（唐·元稹《红芍药》）。

《红楼梦》中史湘云曾"醉卧芍药丛"。

莲（荷花） *Nelumbo nucifera* Gaertn.（睡莲科植物）

【常识简介】

荷花为我国传统名花之一，花大、美丽。水生草本；茎变态而横卧于淤泥之中（根状茎，就是藕），内生发达的通气腔道以适应水生环境；叶片挺于水面之上；花托在果期膨大，称为"莲蓬"，内藏多数果实。

【药用部位】

种子称"莲子"，有补脾止泻、益肾涩精、养心安神的功效；种子中的幼叶及胚根称"莲子心"；花托称"莲房"；雄蕊称"莲须"；根茎节部称"藕节"；叶称"荷叶"。数种中药品种可来自同一植物，各有其功效，也是传统中药的特色之一。

诗句欣赏

接天莲叶无穷碧，映日荷花别样红。（宋·杨万里《晓出净慈寺送林子方》）

《诗经》中有"山有扶苏，隰有荷华"的诗句。

除观赏及经济用途外，人们赋予其"出淤泥而不染"的高尚品格。

玉兰 *Magnolia denudata* Desr.（木兰科植物）

【常识简介】

　　玉兰是我国著名观赏花木之一，庭院、公园等地多有栽种。早春满树银花，洁白如玉，香气四溢，为尚未回暖的大地添一抹春色。落叶乔木；花被片无萼片、花瓣之分，故称为"单被花"；叶具羽状网脉，即叶的侧脉从中脉分出，排列似羽毛状，更为细小的叶脉交织呈网状。玉兰花也是上海市市花。

【药用部位】

　　花蕾称"辛夷"，有散风寒、通鼻窍的功效。

厚萼凌霄 *Campsis radicans* (L.) Seem.(紫葳科植物)

【常识简介】

厚萼凌霄为藤本植物，喜攀爬，庭园栽培，既可赏花，棚架下又可遮荫乘凉。明代著名医药学家李时珍说："附木而上，高达数丈，故曰凌霄。"萼片5，大部分联合形成萼筒。

【药用部位】

花称"凌霄花"，有活血通经、凉血祛风的功效。

诗句欣赏

寒竹秋雨重，凌霄晚花落。(唐·元稹《解秋十首》)

身边的
药
用
植
物

栀子 *Gardenia jasminoides* Ellis（茜草科植物）

【常识简介】

栀子花大而美丽、芳香。常作盆景植物，称"水横枝"，亦可大量栽培作绿篱。果实可提取色素。灌木；花冠常6裂；果实成熟时，肉质化，形成"浆果"，橙红色，具翅状纵棱5~9条。

【药用部位】

果实称"栀子"，有泻火除烦、清热利湿、凉血解毒的功效；外用可消肿止痛。

诗句欣赏

低回翠玉梢，散乱栀黄萼。（唐·元稹《解秋十首》）

木芙蓉（芙蓉花） *Hibiscus mutabilis* L.（锦葵科植物）

【常识简介】

　　木芙蓉花大而艳丽，栽培者多为重瓣，品种多样，不惧霜寒，盛开于秋季，花期长。落叶灌木；多数雄蕊的花丝联合形成管状；果实开裂，称为"蒴果"；种子背面被长柔毛，有利于随风传播。芙蓉花是成都市市花。

【药用部位】

　　花、叶和根入药，有清热解毒、消肿排脓、凉血止血的功效。

词句欣赏

　　千林扫作一番黄，只有芙蓉独自芳。（宋·苏轼《和陈述古拒霜花》）

身边的

药

用

植

物

紫薇 *Lagerstroemia indica* L.（千屈菜科植物）

【常识简介】

紫薇花色艳丽，花形独特，花期长；树龄可达百年。庭园栽培，亦作盆景；落叶灌木或小乔木；小枝具4棱，略成翅状；多数花聚集形成"圆锥花序"；花瓣6，皱缩，基部具长爪；蒴果；种子有翅。

【药用部位】

根、树皮入药，有活血、止血、解毒、消肿的功效。

诗句欣赏

谁道花无红十日，紫薇长放半年花。（宋·杨万里《凝露堂前紫薇花两株，每自五月盛开，九月乃衰》）

绿
化
类

银杏 *Ginkgo biloba* L.（银杏科植物）

【常识简介】

银杏为我国特产，是现存最古老的裸子植物之一，其同纲近缘物种均已灭绝，为一孑遗植物，现世界各地有栽培。生长缓慢，从栽种、生长到结出种子需经历很长一段时期，又称"公孙树"，有"公种而孙得食"的含义。落叶乔木；雌雄异株；叶扇形，顶端2裂，又似鸭掌；雄球花柔软下垂，呈荑黄花序状；种子核果状。银杏树是成都市市树。

【药用部位】

不形成果实，但种子称"白果"，有敛肺定喘、止带浊、缩小便的功效。叶称"银杏叶"，亦可药用。

诗句欣赏

鸭脚生江南，名实未相浮。绛囊因入贡，银杏贵中州。（宋·欧阳修《和圣俞李侯家鸭脚子》）

合欢 *Albizia julibrissin* Durazz.（豆科植物）

【常识简介】

　　合欢常作为城市行道树，开花如绒簇，又叫马缨花。落叶乔木；2回羽状复叶；花多数密集；花冠淡绿色，而雄蕊的花丝明显伸出花冠之外，红色，醒目；具豆科植物特有的一类果实——荚果。

【药用部位】

　　树皮称"合欢皮"，有解郁安神、活血消肿的功效。花称"合欢花"，亦可药用。

诗句欣赏

　　长亭诗句河桥酒，一树红绒落马缨。（清·乔茂才《夜合花》）

槐 *Sophora japonica* L.（豆科植物）

【常识简介】

槐树冠优美，枝叶茂密，花期香气四溢，常作行道树，亦可作蜜源植物。乔木；多花簇生，形成"圆锥花序"；花冠似蝶形；荚果串珠状，成熟后不开裂。

【药用部位】

花称"槐花"，有凉血止血、清肝泻火的功效。果实称"槐角"，亦可药用。

诗句欣赏

蒙蒙碧烟叶，袅袅黄花枝。（唐·白居易《庭槐》）

身边的

药用植物

【女贞】 *Ligustrum lucidum* Ait.（木犀科植物）

【常识简介】

女贞为常见绿化树种之一，耐寒性好，冬季不落叶。其枝、叶上可放养白蜡虫，能生产白蜡。灌木或乔木；叶片常绿，革质；圆锥花序顶生；花冠裂片4，反折；雄蕊2；果实呈肾形。

【药用部位】

果实称"女贞子"，有滋补肝肾、明目乌发的功效。

诗句欣赏

千千石楠树，万万女贞林。（唐·李白《秋浦歌十七首》）

马尾松 *Pinus massoniana* Lamb.（松科植物）

【常识简介】

马尾松为常绿针叶植物之一，靠风力传花粉，结"球果"，但与有花植物形成的果实有本质的不同。乔木；针叶2针一束，细柔；雄球花穗状，弯垂；球果卵圆形。

松树一般指松科多种植物，树干高大挺拔，不惧霜雪，四季常青。人们赋予其"正直向上"的品格。

【药用部位】

花粉称"松花粉"，有收敛止血、燥湿敛疮的功效。

诗句欣赏

松下问童子，言师采药去。（唐·贾岛《寻隐者不遇》）

身边的

药

用

植

物

樟 *Cinnamomum camphora* (L.) Presl（樟科植物）

【常识简介】

樟又称香樟，富含精油，可提取樟脑和樟油。其耐寒性好，冬季常绿，为南方常见绿化及经济树种之一。乔木；叶脉为离基3出脉；花细小；花被裂片6；雄蕊的花药瓣裂；果实成熟后，果皮肉质化、多汁，为浆果。樟树是江西省的省树。

【药用部位】

果实称"樟梨子"，有散寒祛湿、行气止痛的功效。

诗句欣赏

豫樟生深山，七年而后知。挺高二百尺，本末皆十围。（唐·白居易《寓意诗五首》）

紫萍 *Spirodela polyrrhiza* (L.) Schleid.（浮萍科植物）

【常识简介】

紫萍常见于水田、湖湾、池塘等处，形成覆盖水面的漂浮植物群落。水生漂浮小草本；叶状体扁平，表面绿色，背面紫色，具掌状脉5~11条，背面中央生5~11条根。

【药用部位】

全草称"浮萍"，有宜散风热、透疹、利尿的功效。

诗句欣赏

乱点碎红山杏发，平铺新绿水萍生。（唐·白居易《南湖早春》）

药

用

植

物

棕榈 *Trachycarpus fortunei* (Hook.) H. Wendl. （棕榈科植物）

【常识简介】

棕榈的近缘物种喜温暖、湿润的气候，多生长于热带、亚热带地区，而棕榈耐寒性强，分布范围广，纬度高。其棕皮纤维可作绳索，叶可制扇等。其树形优美，叶形大而独特，亦为绿化的优良树种。乔木状；叶片掌状分裂成多数裂片；多数雄花、雌花分别形成花序；果实被白粉。

【药用部位】

叶柄称"棕榈"，有收敛止血的功效。

诗句欣赏

棕榈花满院，苔藓入闲房。彼此名言绝，空中闻异香。（唐·王昌龄《题僧房》）

紫荆 *Cercis chinensis* Bunge（豆科植物）

【常识简介】

紫荆为木本花卉植物，早春开花，花密集成簇，灿若红霞。深受香港特别行政区同胞喜爱的"紫荆花"则是同科不同属（羊蹄甲属）的另一植物。灌木；花簇生，先叶开放；花冠近蝶形；荚果。

【药用部位】

树皮入药，有活血通经、消肿止痛、解毒的功效。

诗句欣赏

风吹紫荆树，色与春庭暮。花落辞故枝，风回返无处。（唐·杜甫《得舍弟消息》）

身边的

药

用

植

物

枸骨 *Ilex cornuta* Lindl. ex Paxt. （冬青科植物）

【常识简介】

枸骨叶形独特，四季常绿，秋冬时节果实红色。常绿灌木或小乔木；叶片厚革质，边缘具硬刺齿，具有很好的保护作用；花单性，花瓣4，雄蕊4。

【药用部位】

叶称"枸骨叶"，有清热养阴、益肾、平肝的功效。

南天竹 *Nandina domestica* Thunb.（小檗科植物）

【常识简介】

南天竹又称南天竺，为我国南方常见的木本花卉之一。秋冬时节叶色变红，与果实相映成趣。常绿小灌木；3回羽状复叶；花多数，形成圆锥花序；花瓣6；雄蕊6；浆果。

【药用部位】

果实入药，有止咳化痰的功效。

诗句欣赏

安石榴房初小坼,南天竺子亦微丹。(宋·陆游《新寒二首》)

枸杞 *Lycium chinense* Mill.（茄科植物）

【常识简介】

枸杞为耐旱植物，既可在沙地种植用作水土保持，又可绿化栽培；嫩叶可作蔬菜。灌木；花冠漏斗状，裂片5；雄蕊5；浆果呈红色。

【药用部位】

根皮称"地骨皮"，有凉血除蒸、清肺降火的功效。

诗句欣赏

《诗经》中有"陟彼北山，言采其杞"的诗句。

调 味 类

花椒 *Zanthoxylum bungeanum* Maxim.（芸香科植物）

【常识简介】

花椒树结果繁多。果实为川菜中主要调味品之一；小乔木；茎枝具皮刺；叶缘有细齿，齿缝有油点；果实成熟时开裂，称为"蓇葖果"，外果皮散生微凸起油点。

【药用部位】

果皮称"花椒"，有温中止痛、杀虫止痒的功效。

诗句欣赏

欣忻笑口向西风，喷出元珠颗颗同。（宋·刘子翚《花椒》）

《诗经》中有"椒蓼之实，繁衍盈升"之说。

身边的
药
用
植
物

茴香 *Foeniculum vulgare* Mill.（伞形科植物）

【常识简介】

茴香原产于地中海地区，我国栽培历史悠久。其嫩叶可作蔬菜；果实为一调味佳品。草本；叶4~5回羽状全裂；复伞形花序；花瓣黄色；具伞形科植物特有的"双悬果"。

【药用部位】

果实称"小茴香"，有散寒止痛、理气和胃的功效。

姜 *Zingiber officinale* Rosc.（姜科植物）

【常识简介】

姜的近缘物种喜温暖湿润的气候，多生长于热带、亚热带地区。其根状茎作为著名的烹饪配料，可去除动物来源食材的腥味，在我国中部、东南部至西南部各省区广为栽培。草本；茎变态而横卧地下，形成肥厚的根状茎，具芳香及辛辣味；叶片披针形或线状披针形。学名的种加词"officinale"意为"药用的"。

【药用部位】

干燥根状茎称"干姜"，有温中散寒、回阳通脉、温肺化饮的功效。新鲜根状茎称"生姜"，亦可药用。

诗句欣赏

愿师常伴食，消气有姜茶。（唐·王建《饭僧》）

身边的

药

用

植

物

草豆蔻 *Alpinia katsumadai* Hayata（姜科植物）

【常识简介】

草豆蔻喜温暖湿润的气候，生长于华南地区。花中唇瓣大而颜色艳丽，花形独特。其种子团为常用调味品之一。多年生草本；许多有梗的小花排列在被称为"花序轴"的一特殊枝条上，形成"总状花序"；小苞片（花下面变态的叶子）为乳白色，壳状；果实成熟时，果皮干燥开裂，形成"蒴果"；种子多数，具假种皮。

【药用部位】

种子称"草豆蔻"，有燥湿行气、温中止呕的功效。

诗句欣赏

娉娉袅袅十三余，豆蔻梢头二月初。（唐·杜牧《赠别二首》）

当归 *Angelica sinensis* (Oliv.) Diels（伞形科植物）

【常识简介】

当归作为药用植物栽培历史悠久。自古以来，甘肃岷县一带栽培的当归品质好，特称"岷归"。可入药；亦可作调味品，如家常菜"当归炖鸡"。多年生草本；多花形成"复伞形花序"；果实具宽而薄的翅，成熟时分为两爿，称为"双悬果"。

【药用部位】

根称"当归"，有补血活血、调经止痛、润肠通便的功效。

诗句欣赏

《三国志》中记载"曹操曾派人给太史慈送书信，书信是用一个小箱子封好的。太史慈收到后，发现仅藏有'当归'这味中药"。其借物寓意，用心良苦。

食蔬类

山里红（大山楂） *Crataegus pinnatifida* Bge. var. *major* N. E. Br.（蔷薇科植物）

【常识简介】

山里红为常见果树之一，花白色，多数成簇，果形较大，鲜吃或加工后食用。落叶乔木；叶片两侧各有3~5羽状深裂片；果实直径可达2.5厘米，深红色，有浅色斑点。

【药用部位】

果实称"山楂"，有消食健胃、行气散瘀、化浊降脂的功效。叶称"山楂叶"，亦可药用。

身边的

药

用

植

物

枣 *Ziziphus jujuba* Mill.（鼠李科植物）

【常识简介】

　　枣为常见果树之一，栽培历史悠久，品种多样。其果实甘甜可口，除鲜食外，还可加工后食用。花芳香，为良好的蜜源植物。落叶小乔木；茎枝具刺；花瓣5；花盘黄色，肉质；核果，中果皮肉质，可食用，核骨质，两端锐尖。

【药用部位】

　　果实称"大枣"，有补中益气、养血安神的功效。

诗句欣赏

　　四月南风大麦黄,枣花未落桐叶长。(唐·李颀《送陈章甫》)

　　《诗经》中有"八月剥枣，十月获稻"的诗句。

蕺菜（鱼腥草） *Houttuynia cordata* Thunb.（三白草科植物）

【常识简介】

蕺菜的嫩根茎及茎叶在西南地区常作蔬菜食用，又称"折耳根"。草本，具特殊气味；叶卵形，基部心形；穗状花序基部有变态的叶子形成的总苞片4枚，白色，花瓣状；雄蕊3；花柱3。

【药用部位】

全草称"鱼腥草"，有清热解毒、消痈排脓、利尿通淋的功效。

身边的
药
用
植
物

桃 *Prunus persica* (L.) Batsch（蔷薇科植物）

【常识简介】

桃为常见果树之一，栽培历史悠久，品种多样。果肉多汁，甘甜可口。花早春开放，亦为赏花树种之一。乔木；花先叶开放；花瓣5；雄蕊多数；核果，外被短柔毛，缝线明显。作为福寿吉祥的象征，我国有用桃祝寿的传统习俗。

【药用部位】

种子称"桃仁"，有活血祛瘀、润肠通便、止咳平喘的功效。

诗句欣赏

人间四月芳菲尽，山寺桃花始盛开。（唐·白居易《大林寺桃花》）

《诗经》中有"桃之夭夭，灼灼其华"的诗句。

萝卜 *Raphanus sativus* L.（十字花科植物）

【常识简介】

萝卜又称莱菔，为常见蔬菜之一，根可食用，各地多有栽培。草本；直根肉质肥大；总状花序；花瓣4，"十"字形排列；果实成熟时，果皮干燥，果型修长，形成"长角果"，顶端具喙，于种子间稍缢缩。

【药用部位】

种子称"莱菔子"，有消食除胀、降气化痰的功效。

诗句欣赏

莱菔根松缕冰玉,蒌蒿苗肥点寒绿。(宋·方岳《春盘》)

身边的
药
用
植
物

菊花 *Dendranthema morifolium* (Ramat.) Tzvel.
（菊科植物）

【常识简介】

　　菊花为传统名花之一，深受人们的喜爱，栽培繁育品种极多。同时，菊花亦有很好的保健作用，如我国人民常饮用的菊花茶。多年生草本；小花极多，密集形成头状花序，外围边花舌状，呈白色或淡黄色，雌性；中央管状花为黄色，两性。日常生活中的"一朵菊花"即为此"头状花序"。

【药用部位】

　　头状花序称"菊花"，有散风清热、平肝明目、清热解毒的功效。

诗句欣赏

　　采菊东篱下，悠然见南山。（晋·陶渊明《饮酒二十首》）
　　不是花中偏爱菊，此花开尽更无花。（唐·元稹《菊花》）

落花生（花生）*Arachis hypogaea* L.（豆科植物）

【常识简介】

　　落花生为重要的油料作物之一；种子可食。一年生草本；偶数羽状复叶；花冠似蝶形；子房受精后，伸入地下发育成熟；荚果不开裂，通常于种子之间缢缩。

【药用部位】

　　种皮称"花生衣"，有止血功效。

身边的

药

用

植

物

枇杷 *Eriobotrya japonica* (Thunb.) Lindl.（蔷薇科植物）

【常识简介】

枇杷为常见果树之一，各地多有栽培，秋冬时节开花。其果酸甜可口,生食或加工后食用。常绿小乔木；叶片革质；多花形成圆锥花序；花瓣5；雄蕊多数；果皮肉质,称为"梨果"，呈黄色或橘黄色。

【药用部位】

叶称"枇杷叶"，有清肺止咳、降逆止呕的功效。

诗句欣赏

　　榉柳枝枝弱，枇杷树树香。（唐·杜甫《田舍》）

桑 *Morus alba* L.（桑科植物）

【常识简介】

我国种植桑树的历史悠久，桑叶为养蚕的主要饲料。其果穗称"桑葚"，成熟时黑紫色，甘甜可食。落叶灌木或小乔木；花小，单性，雌雄异株，许多小花无花梗，密集形成穗状花序；果实由雌花序发育形成，称为"聚花果"。古人常在家屋旁栽种桑树和梓树，后来用"桑梓"比喻故乡。

【药用部位】

叶称"桑叶"，有疏散风热、清肺润燥、清肝明目的功效。根皮、嫩枝及果穗均可入药。

诗句欣赏

《诗经》中有"维桑与梓，必恭敬止"的诗句。

食蔬类

薯蓣 *Dioscorea opposita* Thunb.（薯蓣科植物）

【常识简介】

薯蓣又称山药，是常见蔬菜之一，鲜根状茎为常用食材，做法多样，各地常有栽培。缠绕草质藤本；根状茎长圆柱形；单叶，叶腋内常有珠芽。

【药用部位】

根状茎称"山药"，有补脾养胃、生津益肺、补肾涩精的功效。

诗句欣赏

铜炉烧柏子，石鼎煮山药。（宋·苏轼《十月十四日以病在告独酌》）

图书在版编目（CIP）数据

身边的药用植物/赵志礼编著.—上海：复旦大学出版社，2014.8（2021.11 重印）
（中小学生中医药科普读物）
ISBN 978-7-309-10483-7

Ⅰ．身…　Ⅱ．赵…　Ⅲ．药用植物-青少年读物　Ⅳ．Q949.95-49

中国版本图书馆 CIP 数据核字（2014）第 059939 号

身边的药用植物

赵志礼　编著
责任编辑/魏　岚

复旦大学出版社有限公司出版发行
上海市国权路 579 号　邮编：200433
网址：fupnet@ fudanpress.com　http：//www.fudanpress.com
门市零售：86-21-65102580　团体订购：86-21-65104505
出版部电话：86-21-65642845
上海崇明裕安印刷厂

开本 890×1240　1/32　印张 1.75　字数 39 千
2021 年 11 月第 1 版第 3 次印刷

ISBN 978-7-309-10483-7/Q·87
定价：16.50 元